Contraste insuffisant

NF Z 43-120-14

Illisibilité partielle

Valable pour tout ou partie
du document reproduit

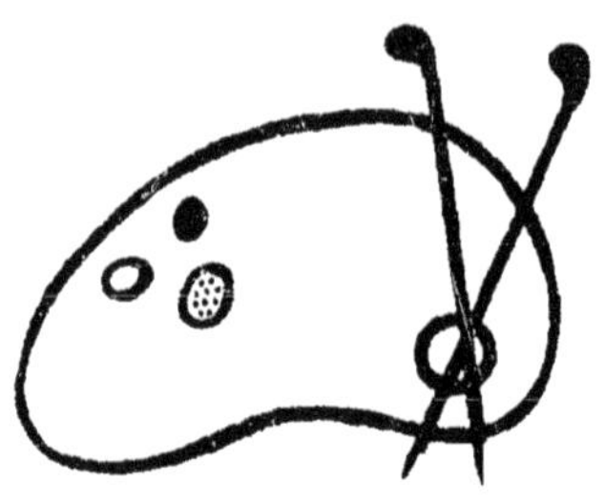

Original en couleur

CONGRÈS INTERNATIONAL DES MINES, DE LA MÉTALLURGIE, DE LA MÉCANIQUE ET DE LA GÉOLOGIE APPLIQUÉES

LIÉGE 25 JUIN - 1er JUILLET 1905

Section de Métallurgie

Technique de la Métallographie microscopique

ET

EXAMEN MÉTALLOGRAPHIQUE

DES

FERS, ACIERS & FONTES

PAR

M. H. LECHATELIER

Professeur au Collège de France, Paris.

nº 6

IMPRIMERIE
LA MEUSE
SOCIÉTÉ ANONYME
LIÉGE — 1905

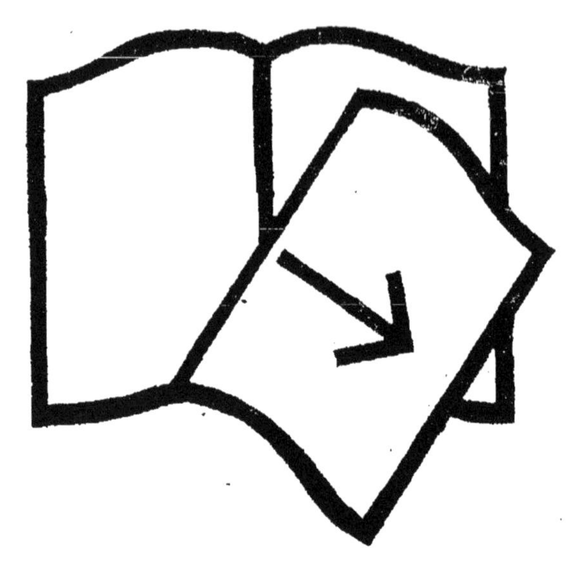

Couverture inférieure manquante

TECHNIQUE

DE LA

Métallographie microscopique

ET

EXAMEN MÉTALLOGRAPHIQUE

DES

Fers, Aciers et Fontes

PAR

M. H. LECHATELIER

Extrait des Publications du Congrès international
des Mines, de la Métallurgie, de la Mécanique et de la Géologie appliquées
Section de Métallurgie

LIEGE
Imprimerie électro-mécanique La Meuse, société anonyme
1905

Sur la Technique de la Métallographie Microscopique

PAR

M. H. LE CHATELIER

Professeur au Collège de France, Paris

Depuis la publication de la note que j'ai donnée sur la Technique de la Métallographie Microscopique dans le *Bulletin de la Société d'Encouragement pour l'Industrie Nationale* (1), une série d'études ont été poursuivies dans mon laboratoire pour perfectionner certains détails. Sans apporter aucune donnée scientifique bien nouvelle, elles ont permis de simplifier et d'accélérer considérablement la partie matérielle du travail et peuvent à ce point de vue comtribuer indirectement au progrès des études de métallographie microscopique. L'efficacité des méthodes finalement adoptées a été établie par ce fait que, mises en service dans le laboratoire d'enseignement de l'Ecole des Mines, elles permettent aux élèves d'arriver du premier coup et presque sans apprentissage à obtenir d'excellentes préparations microscopiques. Je passerai successivement en revue les différentes opérations depuis le dégrossissage jusqu'à la photographie.

DÉGROSSISSAGE.

La meule d'émeri paraît donner les meilleurs résultats comme rapidité de travail pour obtenir, en partant d'échantillons coupés à la scie ou brisés au marteau, une surface initiale suffisamment plane. Son seul inconvénient est d'amener, lorsqu'elle est mal employée, un écrouissage un peu profond du métal. Pour réduire

---

(1) *Bulletin de la Société d'Encouragement*, septembre 1890.
Contribution à l'étude des alliages, p. 421-440.

cet inconvénient au minimum, il est bon d'employer une meule tournant assez rapidement et de ne presser contre elle l'échantillon que très faiblement.

Dans le cas des aciers trempés, que l'échauffement superficiel pourrait recuire, il est indispensable d'employer une faible vitesse de rotation et de maintenir toujours la meule largement mouillée, ce qui ralentit notablement le travail. Faute de cette précaution, il serait à peu près impossible d'observer par exemple l'austénite qu'un recuit de 150° fait disparaître. On se figure parfois que, aussi longtemps qu'on peut tenir l'échantillon avec les doigts, la température n'est pas trop élevée parce qu'elle ne dépasse pas une cinquantaine de degrés. C'est là une erreur complète, car on observe seulement par ce procédé sommaire la température moyenne de l'échantillon et non la température passagère de la couche superficielle où se dégage toute la chaleur sous l'action du travail mécanique. Dès que l'on sent à la main un échauffement perceptible quelconque, on peut être assuré que la couche superficielle a été échauffée bien au-dessus de 100°.

Quelles que soient les précautions prises, il faut admettre que la meule d'émeri produit toujours un écrouissage plus ou moins profond et donne naissance à une couche modifiée, appelée *derme* par M. Osmond ; elle doit être enlevée complètement, si l'on ne veut pas s'exposer ensuite à obtenir par l'action des réactifs des indications inexactes. On arrive à la faire disparaître en employant des papiers d'émeri un peu grossiers sur lesquelles on frotte l'échantillon à la main. Cela est préférable à l'emploi des disques mis en rotation par un procédé mécanique sur lesquels on colle des toiles d'émeri. Ce dernier procédé a, comme la meule, l'inconvénient de produire un écrouissage plus profond. On active considérablement le travail sur le papier d'émeri en le mouillant avec de l'essence de térébenthine. Si, au contraire, on le mouille avec du savon, de la paraffine ou des corps gras, on réduit considérablement la vitesse d'usure, mais on diminue aussi la profondeur des raies laissées par cette opération.

Une précaution qu'il ne faut jamais oublier est d'abattre les angles des échantillons en les passant légèrement sur la meule, sans cela on s'expose dans la suite des opérations à déchirer avec les angles le papier ou les étoffes sur lesquels sont fixées les préparations à polir. Le biseau doit présenter une inclinaison très faible sur la surface plane de l'échantillon. Un angle de 45° ne suffit pas ou du moins il faut le raccorder à la surface plane par un biseau progressif de moins en moins incliné.

FINISSAGE.

La première opération a seulement pour effet de donner une surface plane avec un derme écroui d'une épaissenr assez faible pour que les opérations ultérieures permettent de le faire disparaître sans perte de temps trop considérable. Pour effectuer le polissage proprement dit, il y a une grande économie de temps à employer des matières très régulières comme dimension des grains et celles que l'on trouve dans le commerce ne remplissent jamais cette condition d'une façon suffisante. Il suffit que dans un émeri d'une grosseur donnée il y ait 1 °/o et même moins de grains de grosseur supérieure pour faire des raies profondes que l'on aura beaucoup de mal à enlever avec les poudres ultérieures plus fines. La préparation des poudres de grosseur uniforme est extrèmement simple et le temps que l'on passe à les préparer est bien des fois racheté par l'économie de temps réalisée sur chaque opération de polissage. En y consacrant un jour quelques heures de travail, on peut facilement préparer des matières pour une année de travail. J'emploie habituellement au moins pour les fers et les aciers, trois poudres successives préparées comme il va être indiqué :

1° *Emeri.* — L'émeri 2' du commerce est tamisé entre les tamis n°ˢ 150 à 200, c'est-à-dire que l'on recueille les grains qui traversent le tamis de 150 (2600 mailles au cent. carré) et sont refusées par le tamis 200 (4900 mailles au cent. carré). On peut recueillir ainsi environ 50 °/o de l'émeri traité. Le tamis 200 ayant en nombre rond 5000 mailles au centimètre carré, on voit que les grains de l'émeri ainsi préparé peuvent avoir au plus 1/10 de millimètre de diamètre, en tenant compte de l'épaisseur des fils.

2° *Potée.* — La potée d'émeri du commerce la plus fine, 60 ou 120' par exemple, est lavée au moyen d'un courant d'eau ascendant se déplaçant avec une vitesse de 1 ᵐ/ᵐ environ par seconde et l'on recueille toutes les portions qui sont entraînées par ce courant. On peut se servir pour cette opération de l'appareil à laver les argiles de Schöne. Mais cet appareil a l'inconvénient d'être discontinu et la grosseur des grains enlevés au premier moment de l'opération, quand l'appareil renferme toutes les matières mises en traitement, peut être plus grossière que celle des grains enlevés à la fin du lavage. Je me suis servi avec avantage de l'appareil suivant, qui permet un travail continu, mais on peut évidemment réaliser une infinité d'autres dispositifs équivalants : un tube en verre de 40 c^m

de hauteur et 5o $^{m/m}$ de diamètre est fermé à ses deux extrémités par des bouchons en liège. Le bouchon inférieur porte un petit entonnoir en verre dont la queue sort à l'extérieur et dont la partie évasée entre dans le tube avec un jeu de quelques millimètres. Il est fermé à la partie supérieure par une toile métallique. L'eau est amenée au moyen d'un caoutchouc par cet entonnoir et la toile métallique divise le courant d'eau de façon à obtenir dès le début une vitesse à peu près uniforme. A une petite hauteur au-dessus de cet entonnoir est placé un double cône en clinquant présentant la disposition suivante :

On prépare un cône complet en clinquant dont la hauteur soit à peu près égale à trois fois la base et on le coupe à moitié hauteur, ce qui donne d'une part un tronc de cône ouvert et d'autre part un cône de plus petite dimension. Le tronc de cône est placé dans le tube, la partie étroite vers le bas et le cône fermé est placé au-dessus, la pointe tournée vers le haut, de telle sorte que le plan de sa base soit dans le plan de la base supérieure et la plus large du tronc de cône. Le bouchon supérieur est traversé au centre par un long tube de verre de 5^{mm} environ de diamètre intérieur qui descend jusqu'au dessus de la pointe du petit cône et sert à amener l'émeri d'une façon continue. Cet émeri glisse sur la surface du cône et en la quittant tombe dans le courant d'eau ascendant qui passe autour de la base du cône droit par l'ouverture du cône renversé. Les parties les plus fines sont alors entraînées par le courant d'eau et les plus lourdes tombent au fond de l'appareil où elles sont réunies autour de l'entonnoir ; les parties entraînées montent vers le haut de l'appareil et sortent par un tube fixé latéralement dans le bouchon supérieur. Ce tube est recourbé en forme de S et porte dans le bas de la courbure un petit trou à travers lequel le liquide entraînant l'émeri s'écoule au dehors de l'appareil. Le niveau du liquide se maintien dans la branche verticale ouverte à une hauteur qui varie avec le débit de l'eau puisque la section de l'orifice d'écoulement étant constante, il faut nécessairement pour faire varier le débit, changer en même temps la pression hydrostratique. C'est là le dispositif de l'appareil de Schöne. On détermine dans une expérience préalable à quelle hauteur de l'eau correspond un débit donné et chaque fois que l'on veut faire un lavage dans les mêmes conditions avec le même appareil, il n'y a qu'à ramener l'eau au même niveau.

Pour introduire l'émeri d'une façon continue par le tube central celui-ci est raccordé au moyen d'un caoutchouc à un tube pénétrant dans une fiole en verre renversée et fermée par un bouchon ; le flacon contient un mélange de potée et d'eau ; cette potée s'écoule par son poids à travers le tube vertical et le débit dépend bien entendu du diamètre du tube à travers lequel se fait la chute. Un diamètre de 3 à 5 ^{mm} semble donner des résultats satisfaisants. L'eau décantée qui entraîne la potée fine peut-être reçue dans de grands vases où on l'abandonne à la décantation. Mais il est plus simple de l'envoyer dans un vase de section notablement plus considérable par exemple un flacon de deux litres de capacité ayant environ 20 centimètre de diamètre dans lequel la vitesse de circulation de l'eau, en raison de la section plus grande, est moindre que dans le tube vertical. La majeure partie de la potée s'y déposera et on perdra, ce qui ne peut qu'être avantageux, les parties les plus fines entraînées au dehors.

On peut se servir pour cela, comme le montre la figure, d'un flacon à deux tubulures. Le mélange d'eau et de potée arrive par tubulure latérale au moyen d'un tube à entonnoir pénétrant à mi-hauteur dans le flacon. Son extrémité inférieure est effilée et recourbée horizontalement. En la dirigeant tangentiellement au parois du flacon, on produit dans le liquide un mouvement de rotation qui favorise encore la séparation de l'émeri. L'eau s'écoule à la partie supérieure par la tubulure centrale.

3° *Alumine.* — Dans ma note antérieure, j'ai indiqué une préparation d'alumine pour l'achèvement du polissage en partant de l'alumine de l'alun ammoniacal lavée suivant le procédé indiqué par M. Schlesing pour séparer l'argile dans les terres. Il est bon, pour avoir des rendements un peu élevés, de broyer cette alumine dans un mortier pendant un temps assez prolongé ou beaucoup mieux, si l'on a à sa disposition les moyens voulus, la faire passer dans un petit broyeur à billes de porcelaine. Ce broyage n'a pas pour effet d'écraser les grains d'alumine beaucoup trop durs, il désagrège seulement les grumeaux formés par l'association d'un grand nombre de petits grains. Cette alumine est lavée un certain nombre de fois avec de l'eau acidulée azotique au millième, puis avec de l'eau distillée et finalement avec de l'eau additionnée de 1 à 2 centimètres cubes d'ammoniaque concentrée par litre. En général, après un certain nombre de lavages à l'eau

acidulée azotique, on voit l'alumine commencer à rester en suspension et on est averti que le lavage est terminé, mais d'autre fois, elle continue encore à se précipiter, bien que le lavage soit suffisant et ce n'est qu'après l'emploi de l'eau ammoniacale qu'elle reste en suspension.

J'avais précédemment indiqué pour la décantation de l'alumine, d'employer des flacons de 1 litre et de siphonner au bout d'un certain temps la partie liquide restée au-dessus du dépôt. On obtient beaucoup plus facilement la séparation du dépôt et du liquide en employant le dispositif suivant (fig. 2), qui est une modification d'un appareil décrit par M. Schlesing pour le lavage des terres : On prend une grande pipette en verre de 1 litre de capacité, 5o centimètres de hauteur et un diamètre approprié. Elle se termine à la partie inférieure par une partie conique dont la pente est au moins de 3/1, de façon à empêcher le dépôt de rester adhérent au verre.

L'ouverture inférieure a 3 $^{m/m}$ au plus de diamètre, de façon à ce que l'air ne puisse pas rentrer par cette ouverture en formant des bulles à travers le liquide. Le tube supérieur de cette pipette est mastiqué sur un robinet à pointeau en cuivre portant une tubulure latérale pour l'aspiration.

Le mode de fonctionnement de cet appareil est le suivant :

Ayant ouvert le pointeau et mis la tubulure latérale en communication avec une trompe à vide où un appareil d'aspiration quelconque, on plonge la pointe de la pipette dans une grande capsule en porcelaine renfermant le mélange d'eau et d'alumine, On remplit ainsi la pipette et on ferme le robinet quand elle est pleine. On détache la communication avec la trompe et l'on abandonne au repos. Les parties les plus lourdes d'alumine tombent au fond. Pour les évacuer, il suffit d'ouvrir très légèrement le pointeau de façon à laisser au début couler une goutte en 10 ou 20″. On recueille le dépôt d'alumine dans une petite capsule en porcelaine. Le dépôt formé pendant le premier quart d'heure. toujours très irrégulier, est jeté. Le dépôt entre 1/4 d'heure en 3 heures est encore assez grossier et lorsqu'on l'emploie pour polir le fer ou l'acier, il laisse apercevoir quelques rayures très fines. On peut cependant s'en servir quand on veut avoir un travail rapide et qu'on ne se préoccupe pas outre mesure de la perfection du résultat. Pour obtenir un poli parfait donnant des surfaces se prêtant bien à la photographie, il faut recueillir seulement le dépôt formé entre 3 et 12 heures. Bien entendu, on ne doit pas laisser le robinet pointeau constamment ouvert. On l'ouvre seulement de temps en temps pour faire écouler le dépôt que l'on voit très nettement se former dans la partie conique inférieure de la pipette.

Il n'est pas nécessaire, d'ailleurs, de séparer les parties qui se sont déposées après 12 heures pour ne prendre que les dépôts intermédiaires entre 3 et 12 heures. On peut très bien se contenter de prendre en bloc tout ce qui ne s'est pas déposé après 3 heures. Il suffit pour cela d'ouvrir en plein le robinet à pointeau et de faire couler le liquide chargé d'alumine dans un flacon où le mélange sera conservé pour l'emploi. Il est indispensable dans la conservation de ces matières très fines et dans leur emploi d'éviter toute introduction de poussières et pour cela il faut ouvrir le moins possible le flacon où la préparation est conservée. Le dispositif qui m'a donné de beaucoup les meilleurs résultats consiste à introduire de suite cette eau chargée d'alumine dans des pulvérisateurs que l'on bouche aussitôt remplis, et l'on en fait ensuite sortir le liquide suivant les besoins au moyen d'une pression d'air. L'emploi du pulvérisateur a en outre l'avantage de donner une humectation très régulière des draps et des feutres servant au polissage.

4° *Supports des matières à polir.* — Les supports servant pour recevoir les matières à polir jouent un rôle assez important dans le succès de l'opération finale. Le dispositif suivant m'a donné d'excellents résultats :

J'emploie une flanelle très fine étendue sur une glace et maintenue à un état de tension convenable, pour obtenir cette tension la glace est placée sur une petite planche à dessin de 3o centimètres de côté avec des rainures à réglettes, comme on les emploie aujourd'hui dans les lycées. On peut au moyen de ces réglettes tendre comme on le veut l'étoffe et la remplacer très facilement quand elle est déchirée. La même disposition convient également pour l'émeri, la potée et l'alumine. On peut avoir ses trois planches rangées dans une petite boîte à rainures en ayant toujours soin de mettre les préparations tournées vers le bas pour que les poussières n'y tombent pas et de placer dans le haut de la boîte les planches servant aux matières les plus fines. Pour fixer la poudre sur l'étoffe, j'emploie des mélanges de savons oléate et margarate de soude, avec un peu de glycérine ou plus simplement encore du savon noir. Il faut un savon qui après dessication reste encore mou et plastique et ne durcisse pas comme le fait le stéarate de soude pur. Il est indispensable que la solution de savon ainsi employée soit rigoureusement exempte de grains durs qui produiraient des raies et il est nécessaire pour atteindre ce résultat de filtrer à 100° la solution de savon à travers un filtre en papier comme ceux qui servent dans les analyses chimiques. On imprègne la flanelle de cette solution, on verse l'émeri ou la poudre à la surface et on l'étend avec le doigt d'une façon bien uniforme, puis on laisse sécher. La surface ainsi préparée peut servir au polissage à l'état sec ou en l'humectant un peu au moment de s'en servir.

Il est préférable cependant pour l'alumine qui sert à donner le dernier poli d'employer un procédé mécanique un peu plus énergique que le frottement à la main, si l'on ne veut pas perdre trop de temps. On peut employer des disques en bois couverts d'un drap mince ou simplement des disques en feutre semblables à ceux qui servent dans l'Industrie pour le polissage. Au point de

vue de la perfection des résultats, il est préférable d'employer un drap mince collé sur une planche bien plane, parce qu'avec un support aussi peu flexible que possible, on ne creuse pas autant en bas-relief les parties les plus tendres du métal. Mais l'emploi de drap fin monté sur un tour à grande vitesse demande un peu de soin; si on présente de travers l'échantillon, on arrache tout son drap d'un seul coup et, au moins pour les laboratoires d'élèves, je pense qu'un disque de feutre est préférable. On doit faire attention dans le cas des disques en feutre que, à leur sortie des magasins, ils sont généralement salis par des poussières et raient les échantillons. Il suffit pendant qu'ils tournent de les laver avec d'une éponge à grande eau|et de s'en servir pendant un certain têmps, pour voir peu à peu disparaître les raies qu'ils produisaient ; il est probable que les poussières purement surperficielles finissent par être arrachées à l'usage.

En procédant comme il vient d'être indiqué, on peut dégrossir et polir les échantillons de 15 $^{m/m}$ de diamètre en un quart d'heure. Au point de vue du travail à la main, il est préférable d'avoir des échantillons ni trop larges ni trop étroits et d'une hauteur appropriée à leur épaisseur. Le diamètre de 15 $^{m/m}$ avec une épaisseur de 10 $^{m/m}$ me paraît de beaucoup préférable à tout autre.

PROCÉDÉS D'ATTAQUE.

Depuis la publication de ma première note, des progrès considérables ont été faits dans le choix des réactifs servant à l'attaque des alliages, surtout dans le cas des aciers. On ne peut, jusqu'ici, prévoir à priori les résultats que donnera tel ou tel réactif et c'est seulement par des essais en nombre illimité que l'on arrive à découvrir ceux dont l'usage est le plus satisfaisant. Deux longues séries de recherches ont été faites dans cet ordre d'idées à mon laboratoire. M. Igewsky a passé en revue les différentes matières colorantes et a reconnu que les dérivés nitrés seuls, comme l'acide picrique, donnaient des résultats intéressants. La solution d'acide picrique à 5 % dans l'alcool absolu est aujourd'hui devenue d'un usage général. M. Kourbatoff a étudié plus spécialement l'influence du dissolvant auquel le réactif d'attaque proprement dit est ajouté et il a passé en revue un grand nombre d'alcools. Il a été conduit ainsi à recommander particulièrement la solution d'acide nitrique à 4 % dans l'alcool amylique qui semble préférable encore à l'acide picrique ; elle a en tout cas sur ce dernier corps l'avantage secondaire de ne pas tacher les doigts. Il a également recommandé pour certains usages spéciaux, notamment pour différencier les constituants des aciers, différents réactifs plus complexes ; je rappellerai ici la composition de l'un d'eux :

Solution à 4 % d'acide nitrique dans l'alcool ordinaire .   1 partie
Solution saturé de nitrophénol   »   »   » . 3 »

Ce réactif colore seulement la troostite et les constituants semblables en laissant tout le reste du métal incolore.

Enfin, j'ai reconnu que par l'emploi de solutions alcalines bouillantes additionnées de corps oxydants quelconques, particulièrement d'acide picrique, on colore très facilement la cémentite sans attaquer du tout les autres constituants des aciers. La solution à 25 % de soude caustique, 2 % d'acide picrique, chauffée au bain-marie à 100° convient parfaitement. Ce réactif ne produit qu'une attaque tout-à-fait superficielle donnant au fur et à mesure qu'elle avance les colorations successives des lames minces, mais elle ne pénètre jamais à une grande profondeur et un poli très faible la fait ensuite disparaître complètement.

MICROSCOPE.

J'avais précédemment recommandé tout particulièrement pour la photographie la lampe à arc au mercure qui permet d'utiliser la radiation monochromatique indigo en arrêtant les radiations ultra-violettes au moyen d'une cuve à sulfate acide de quinine. Cette méthode permet d'obtenir des photographies d'une grande finesse, mais elle a l'inconvénient d'exiger des temps de pose relativement considérables à cause de la faible intensité lumineuse de cet arc. Cette lampe est, en outre, très fragile ; elle demande à être remplacée souvent et ne peut être expédiée à grand distance sans danger de rupture à cause du mercure qui y est renfermé. Son usage s'est peu répandu.

Je préfère de beaucoup, en raison de la simplicité plus grande du travail, l'emploi d'une lampe Nernst à deux gros filaments consommant 1 ampère par filament. Si la netteté est peut-être un peu moins grande, l'éclat de la lumière, beaucoup plus considérable, accélère les opérations et permet la mise au point directe, ce qui n'est pas possible avec la lampe à mercure. Les lampes Nernst ordinaires à un seul filament fin ont l'inconvénient de donner naissance à des franges d'interférence à cause du diamètre apparent trop petit de la source lumineuse. Les contours parallèles au filament sont bordés de petites lignes blanches qui en dénaturent l'aspect réel. En employant au contraire deux filaments un peu gros et disposant la lampe de telle sorte qu'ils se superposent l'un à l'autre dans la lumière, qu'ils rayonnent vers l'appareil, on arrive à avoir une source lumineuse d'un diamètre apparent suffisant pour éliminer complètement l'inconvénient des franges. On gagne un peu de netteté en employant des plaques isochromatiques et interposant une solution d'acide picrique à 1 %₀ sous une épaisseur de 1 centimètre, mais avec les objectifs apochromatiques de Zeiss et des plaques photographiques ordi-

naires, on obtient des images suffisamment nettes pour les usages
courants.

Quelques modifications importantes ont été apportées à la
construction du microscope que j'ai précédemment décrit et dont
l'usage s'est très rapidement répandu. J'avais disposé devant la
source lumineuse un diaphragme dont l'image venait se projeter
au foyer principal arrière de l'objectif. Il est préférable de placer
directement ce diaphragme sous l'objectif aussi rapproché que
possible de la lentille arrière. On peut monter une série de
diaphragmes de diamètres différents sur un disque mobile que l'on
fait tourner à volonté de l'extérieur par une simple pression du
doigt. Un diamètre de 5 $^{m/m}$ convient pour la plupart des cas, mais
cela varie un peu avec la qualité des objectifs. En déplaçant un
peu le diaphragme en avant ou en arrière, on peut réaliser un
éclairage oblique très utile pour mettre en évidence certaines
dénivellations des surfaces attaquées.

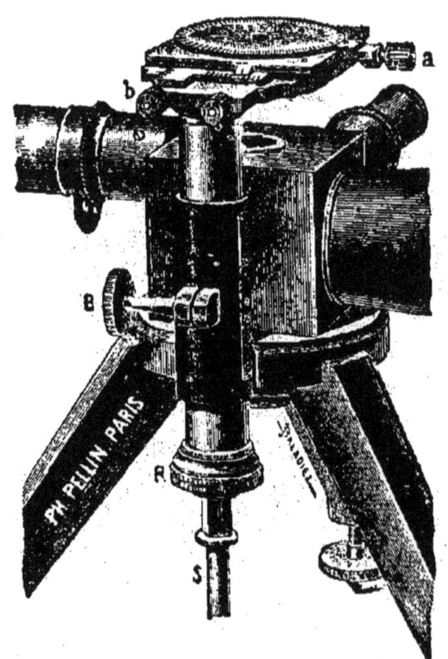

Par raison de simplicité de construction, j'avais employé pour
supporter l'objet, une platine tournante portée directement par

un pas de vis. Ce dispositif a l'inconvénient, en raison de l'absence de ressorts antagonistes, de permettre un jeu notable qui rend pénible la mise au point pour les forts grossissements. M. Pellin a adapté au microscope qu'il construit actuellement une platine montée sur une colonne latérale construite comme celle des microscopes ordinaires. Cette platine porte en même temps les deux chariots se déplaçant à angle droit, ce qui facilite beaucoup l'examen successif des différentes parties de l'échantillon. Cette disposition semble devoir être adoptée dans tous les cas, de préférence à l'ancienne.

La disposition de la chambre photographique a également été modifiée. Au lieu de la chambre verticale de mon premier appareil dans laquelle la mise au point directe était impossible, on emploie généralement aujourd'hui une chambre horizontale dans laquelle le faisceau lumineux est renvoyé au moyen d'un prisme à réflexion totale, monté sur un axe vertical qui permet de le diriger tantôt vers l'oculaire à vision directe, tantôt vers l'oculaire photographique.

Dans l'ancien dispositif, on réglait par tâtonnements le tirage de l'oculaire à vision directe pour que, lorsque l'image était nette à la vue directe, il suffise de tirer en arrière le prisme à réflexion totale de façon à dégager la chambre photographique verticale et alors on devait être au point sur la plaque. Ceci suppose expressément que l'œil de l'opérateur ne possède qu'une très faible faculté d'accommodation, ce qui ne se vérifie qu'à partir d'un certain âge. Pour les jeunes expérimentateurs, la mise au point par ce procédé est presque impossible. Avec la chambre horizontale, la mise au point se fait directement sur la plaque comme dans un appareil photographique quelconque ; cela est très facile avec la lampe Nernst qui donne des images très lumineuses. Il est indispensable seulement dans ce cas que le prisme à réflexion totale soit très bien travaillé pour ne pas nuire à la netteté des images. Il a dans tous les cas un pouvoir absorbant assez considérable pour les rayons photographiques et le temps de pose en est augmenté d'autant. Avec la lampe à mercure, le temps de pose est d'environ 15', avec la chambre horizontale, soit trois fois plus long qu'avec la chambre verticale directe. Avec la lampe Nernst à deux filaments, le temps de pose est compris entre 2 et 5' pour les aciers peu attaqués et très brillants. Il est de 10 à 30', pour des corps peu réfléchissants comme les verres et les laitiers.

Cette nouvelle disposition de la chambre photographique permet de monter tout l'appareil sur un banc métallique comme le banc d'optique, ce qui lui donne beaucoup plus de solidité que lorsqu'il était fixé sur une table en bois ; l'on se protège plus facilement ainsi contre les petits mouvements très nuisibles à la netteté des photographies. La longueur que l'on donne à la chambre noire ne doit pas dépasser 1 mètre en employant un oculaire à projection dont le grossissement est de 2 fois et, dans la majeure partie des cas, il serait préférable de se tenir à une distance de 5o centimètres pour avoir des images très nettes. Il est préférable, tant qu'on n'atteint pas la limite extrême des grossissements possibles d'obtenir le grossissement, par l'emploi d'un objectif plus fort plutôt que par la distance plus grande de la plaque par rapport à l'oculaire.

Les oculaires à projection de Zeiss sont disposés de façon à ce qu'on puisse faire varier la distance relative des deux lentilles. Cela permet de changer un peu le grossissement, mais ce n'est pas là le but essentiel de ce dispositif : les images données par des séries successives de lentilles sont généralement plus ou moins courbes, mais, on peut corriger ce défaut en faisant varier quelques unes des grandeurs qui définissent le système optique et en particulier la distance des deux lentilles de l'oculaire. Si les échantillons étudiés étaient rigoureusement plans, on pourrait définir d'une façon rigoureuse la position relative convenable de ces lentilles pour chaque longueur de la chambre photographique, mais, en réalité, le polissage donne presque toujours des échantillons courbes et cette courbure vient, suivant les cas, s'ajouter ou se retrancher à la courbure résultant du système optique, de sorte qu'il faut, dans chaque cas particulier, déterminer par tâtonnements la position relative des deux lentilles qui donne dans toute l'étendue de la plaque photographique la netteté la plus uniforme.

––––––––––

Comme spécimen des résultats que l'on peut obtenir avec les procédés de travail qui viennent d'être décrits, je donnerai ci-après un certain nombre des photographies des différents constituants des aciers.

EXAMEN MÉTALLOGRAPHIQUE
des fers, aciers et fontes.

PAR

M. H. LE CHATELIER
Professeur au Collège de France

Après avoir donné quelques détails sur la technique de la métallographie microscopique,il ne sera peut-être pas inutile d'y ajouter des exemples des applications que l'on peut faire de ces méthodes à la métallurgie, plus particulièrement à celle de l'acier.

L'examen d'une surface polie sans aucune attaque préalable révèle déjà certains détails intéressants. Dans les métaux fondus, on voit des piqûres rondes qui sont tantôt remplies de gaz, tantôt de gouttelettes très fines de scories restées en suspension au milieu du métal. Il en existe dans toute la masse des aciers, même dans les parties les plus saines, mais leur diamètre est alors très petit, ne dépassant guère 1/1000 de millimètre. On donne ici à titre d'exemple (fig. 1 G. 150) un bronze riche en étain préparé au labo-

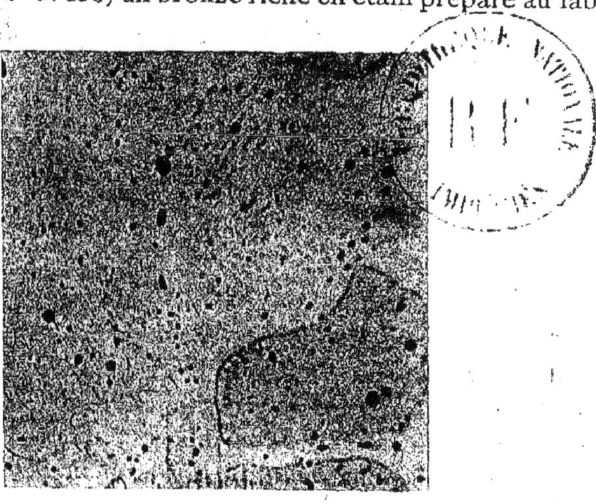

Fig. 1.

ratoire, qui est criblé de soufflures dont le nombre et les dimensions sont énormes par rapport à ce que l'on rencontre dans les aciers industriels.

C'est ici l'occasion de faire remarquer que dans les publications métallographiques, on est souvent amené, pour plus de clarté, à choisir des exemples un peu anormaux et il ne faut pas s'attendre dans le travail courant des usines à trouver toujours des résultats aussi nets ni surtout à aussi grande échelle.

On voit encore sur les métaux simplement polis certains éléments étrangers dont le pouvoir réflecteur est inférieur à celui du métal et qui se détachent en sombre sur un fond brillant. On peut d'abord citer la fonte grise, dont les lamelles de graphite coupées par les tranches ont l'aspect de virgules tantôt isolées l'une de l'autre, comme sur la fig. 2 G. 150 ; souvent aussi groupées ensemble autour d'un noyau. Très fréquemment, il existe des

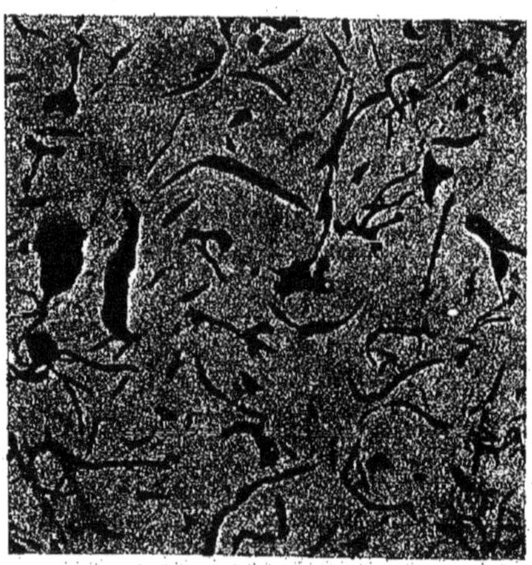

Fig. 2.

soufflures dans les fontes de moulage mal préparées qui sont accolées aux lamelles de graphite et peuvent même les englober complètement. Il est parfois assez difficile de distinguer exactement ces soufflures du graphite lui-même, car l'action des émeris un peu grossiers employés au début du polissage arrache les lamelles de graphite toujours très fragiles et laisse à leur place des vides dans le métal. Pour arriver à avoir une section nette des lamelles du graphite, il faut continuer le polissage pendant un temps assez long avec des poudres de grosseurs rigoureusement décroissantes.

Une autre matière qui se détache également en sombre sur un fond brillant par simple polissage, est la scorie qui existe en grande quantité par exemple dans le fer puddlé (fig. 3 G. 150),

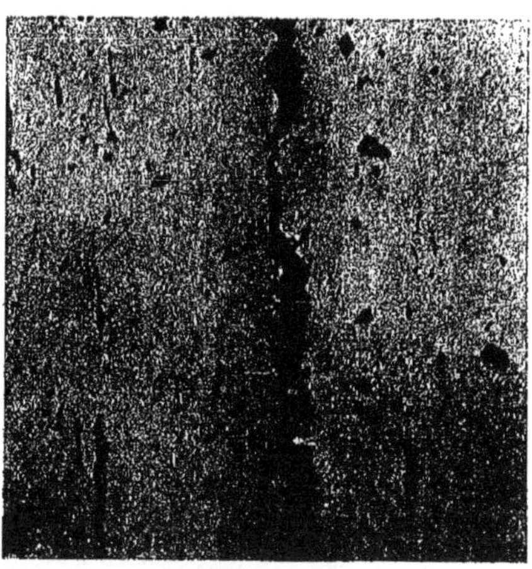

Fig. 3.

ainsi que les petits noyaux de sulfure de fer et de manganèse, de forme plus arrondie que la scorie et d'une couleur plus jaunâtre. La ligne qui traverse l'échantillon reproduit ici est un joint rivé à froid qui a été traversé et corrodé par du sulfure de fer fondu dont la présence est facile à reconnaître à sa couleur au moyen d'un grossissement plus fort. C'est le fragment d'un échantillon qui m'a servi dans mes expériences destinées à expliquer le mécanisme de la prétendue diffusion du sulfure de fer à travers le métal compact.

Dans la plupart des cas, l'examen d'un métal nécessite une attaque chimique. Il faut un certain apprentissage pour arriver à donner à cette attaque le degré d'intensité le plus convenable. Trop faible, elle n'accuse pas suffisamment la différence des constituants voisins ; trop forte, elle enlève toute la surface polie, laissant une masse rugueuse où l'on ne peut plus rien voir. En général les débutants en métallographie font des attaques beaucoup trop profondes. Pour l'examen habituel des constituants des aciers, il faut qu'après attaque, la surface ait complètement gardé son poli et que l'on y aperçoive seulement un léger voile grisâtre sans aucune coloration jaunâtre.

On est obligé cependant de faire des attaques profondes pour mettre en évidence certains caractères des métaux, mais ces attaques ne réussissent qu'avec quelques réactifs rigoureusement déterminés dans chaque cas particulier. On verra apparaître, par exemple, les contours des grains de ferrite par une attaque prolongée au moyen de solutions alcooliques d'acide nitrique ou d'acide picrique. La figure 4, G. 700 représente un acier extra-doux, la figure 5, G. 700, un acier demi-doux. On verra apparaître

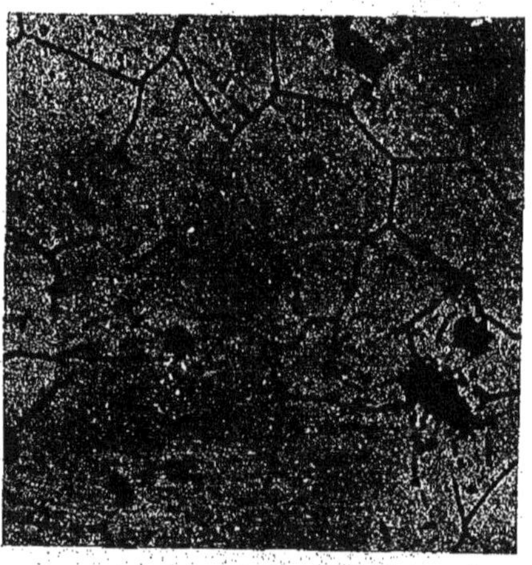

Fig. 4.

les figures de corrosion cubiques de la ferrite en employant soit la solution aqueuse à 10 % d'acide nitrique, soit la solution de chlorure de cuivre et de potassium à 8 %, suivie d'un nettoyage à l'ammoniaque pour enlever le cuivre déposé. C'est ainsi qu'a été obtenue la figure 6, avec un acier extra-doux.

Parfois, pour des constituants très voisins par leurs propriétés ou peut-être simplement pour des surfaces différemment orientées des cristaux d'un même constituant, on est conduit à employer une attaque très profonde de façon à avoir d'un point à l'autre des dénivellations suffisantes et on fait reparaître dans la masse complètement noire ainsi obtenue ces dénivellations par un polis-

Fig. 5.

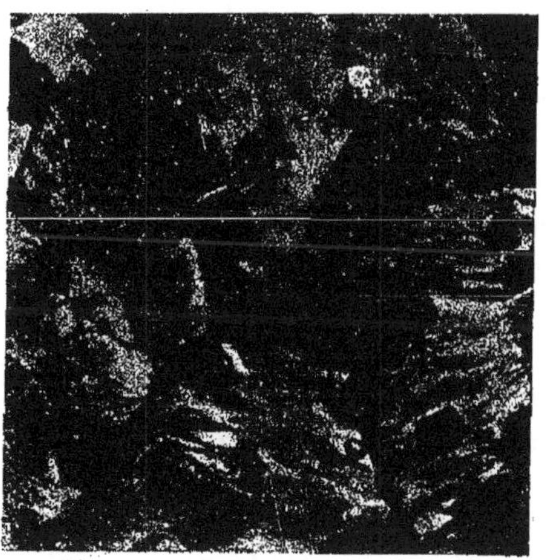

Fig. 6.

sage très léger qui arase les parties les plus saillantes. C'est ainsi qu'a été obtenue la phothographie de martensite, figure 7, G 700, provenant d'un acier à 0,9 de carbone trempé vers 1000°.

Fig. 7.

Dans les études sur la métallographie des aciers, une des questions les plus intéressantes au point de vue théorique, sinon au point de vue pratique, est de différencier leurs différents constituants chimiques. On peut le faire d'une façon satisfaisante en employant les deux réactifs suivants :

1° La solution d'acide nitrique à 4 % dans l'alcool amylique fraîchement préparée, — il semble qu'après un mois de conservation le résultat qu'elle donne soit moins net. On fait agir cette solution pendant des temps variés suivant les constituants que l'on veut mettre en évidence;

2° La solution aqueuse à 25% de potasse et 2 % d'acide picrique à la température de 100° au bain-marie ou plus simplement à l'ébullition prenant une durée de 5'.

Ce dernier réactif ne colore qu'un seul constituant, la cémentite et est pour cela d'un emploi extrêmement commode pour la reconnaître. Il met ainsi en évidence non seulement la cémentite massive, mais encore les lamelles de cémentite de la perlite quand celles-ci ont au moins 1/1000 de millimètre d'épaisseur, mais il ne colore pas la cémentite de la perlite très fine. La raison de cette anomalie est encore inconnue. Dans les aciers industriels, on peut donc admettre qu'il est sans action sur la perlite, car la dimension d'un millième de millimètre pour l'épaisseur des lames de cémentite ne se présente guère que dans les échantillons brûlés.

La figure 8, G. 700, se rapporte à une fonte blanche à 2 % de

Fig. 8.

carbone trempée à partir de son point de fusion et attaquée par le réactif alcalin dans laquelle on voit des noyaux noirs d'eutectique et des lames très minces de cémentite qui se sont séparées pendant le refroidissement de la masse d'austénite formant le fond de la préparation.

Pour les autres constituants des aciers, on emploiera la solution d'acide nitrique dans l'alcool amylique. Elle colore en brun foncé, pour une attaque de $1''$ à $5''$ au maximum, la troostite, la sorbite, la troosto-sorbite, série de constituants qui, au point de vue chimique ne forment sans doute qu'une seule espèce, mais qui prennent naissance dans des conditions différentes. La figure 9 G = 700 montre un acier demi-doux, trempé au milieu du point de recalescence; un liséré noir de troostite sépare un noyau de perlite du fond de ferrite. La figure 10 G = 1000 donne la troostite dans un acier à 0,9 % $d c$.

La figure 11 montre des cristaux sorbitiques noirs obtenus par le recuit au voisinage de 150° d'une fonte blanche austénitique préparée par trempe au voisinage du point de fusion d'un échantillon renfermant environ de 2,2 % de carbone.

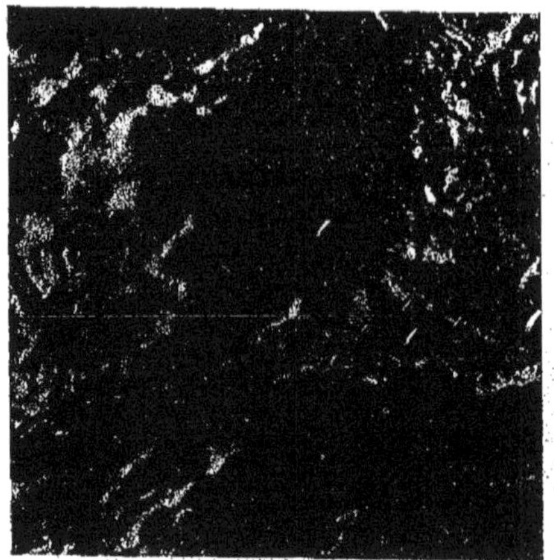

Fig. 9.

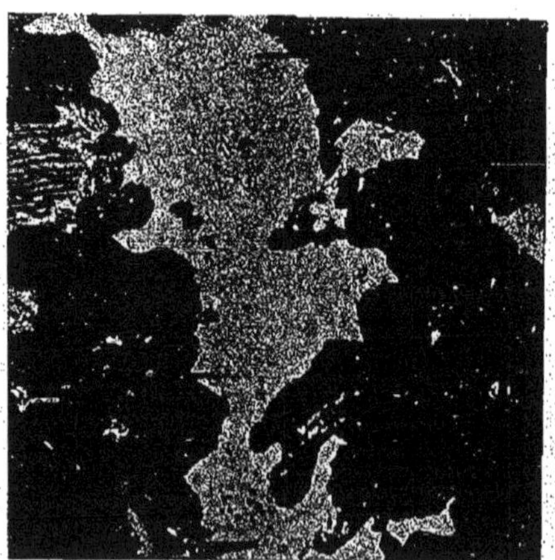

Fig. 10

Une attaque de 5 à 15″ conviendra pour mettre en évidence la perlite qui se présentera sous forme d'une masse brune homogène, plus claire que la troostite si la perlite est suffisamment fine ou le grossissement employé trop faible.

Figure 12, $G = 150\,cd$. Figure 5, $G = 700$.

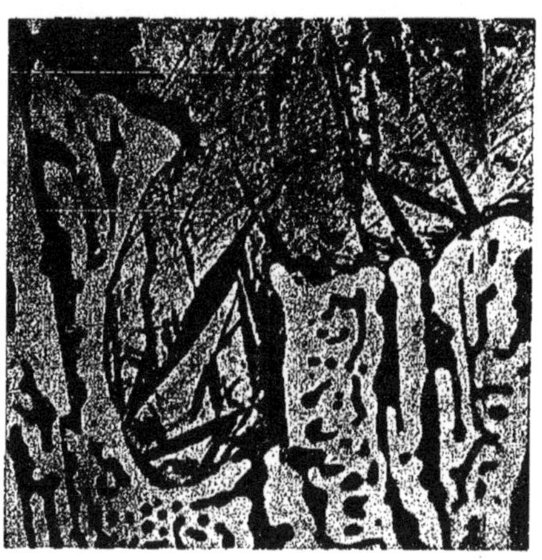

Fig. 11.

Fig. 12.

Avec de la perlite plus grossière et un grossissement de plus de

5oo diamètres, on verra parfois, fig. 13 et 14, $G = 7oo$, les lamelles alternantes de cémentite et la ferrite, mais cela est rare dans les

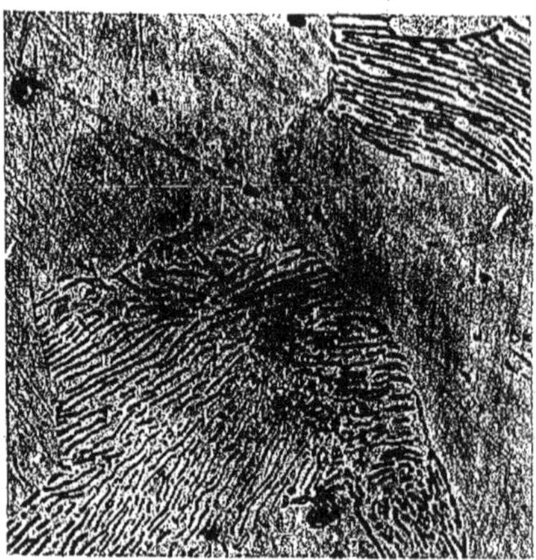

Fig. 13.

métaux industriels. La troostite se différencie assez simplement de la perlite, même quand cette dernière est irrésoluble par un

Fig. 14.

frottement léger du doigt humide qui ne modifie pas sa coloration et qui fait au contraire presque complètement disparaître celle de la troostite.

Enfin, pour mettre en évidence la martensite et l'austénite, il faudra des attaques de plusieurs minutes et même de plusieurs heures, en employant dans ce cas un polissage final pour faire réapparaître les parties saillantes de la martensite seule. La Fig. 15 G = 706, montre des cristaux de martensite avec leurs

Fig 15.

nervures centrales se détachant sur un fond d'austénite. Ils ont été obtenus en trempant un échantillon à teneur en carbone progressivement variable à partir d'une température de 1300°.

Une des applications les plus intéressantes que l'on puisse faire de la métallographie se rapporte à l'étude des structures au point de vue de leur influence sur le développement de la fragilité des aciers. La grosseur du grain, toutes choses égales d'ailleurs, varie dans le même sens que la fragilité du métal. Les trois photographies suivantes (fig. 16, 17 et 18) sont des photographies d'acier à rails au grossissement de 150 diamètres.

La figure 16 est un rail à trop grosse structure et la figure 17 un rail à structure normale. La figure 16 se rapporte à un échantillon du métal 17 qui a été recuit au laboratoire en fragment d'un centimètre cube et refroidit à l'air.

Mais c'est surtout dans les aciers extra-doux que l'on rencontre la fragilité capricieuse qui déconcerte un peu les métallurgistes. Le même métal, pouvant pour des modifications très légères dans le traitement thermique, présenter les variations les plus extrêmes de qualité. Les nombreuses tentatives faites jusqu'ici pour rattacher cette fragilité particulière à la structure n'ont pas encore

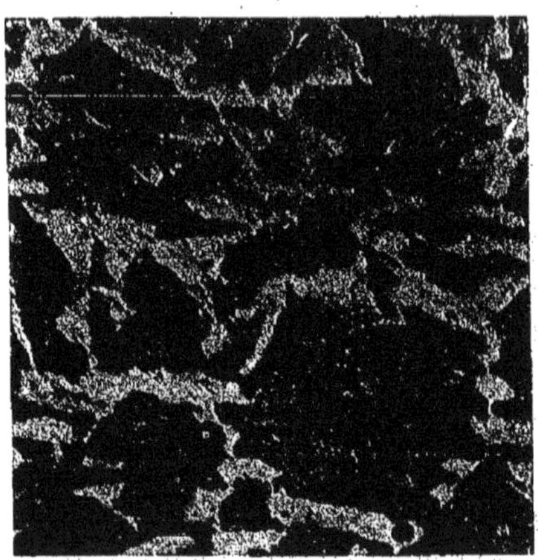

Fig. 16.

donné des résultats bien définitifs. Je reproduirai ici deux photographies d'aciers fragiles qui présentent quelques particularités

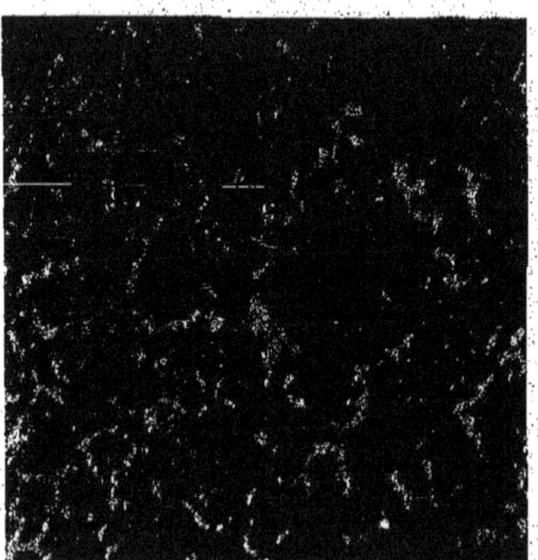

Fig. 17.

intéressantes, mais sans affirmer aucunement qu'il y ait une relation quelconque entre ces apparences et la qualité du métal-

La figure 19, G = 15o se rapporte à un acier extra-doux, fragile,
attaqué pendant un temps très long, plusieurs heures en moyenne,

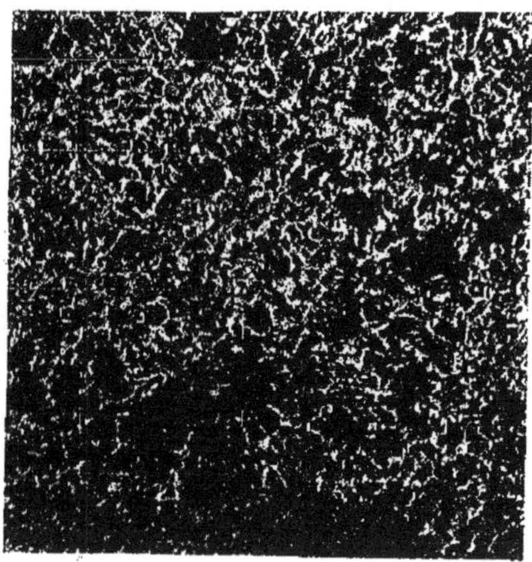

Fig. 18.

dans une solution d'acide picrique à 5 % dans l'alcool, poli ensuite
légèrement pour faire reparaître les parties saillantes. On voit

Fig. 19.

une structure lamellaire beaucoup plus accentuée que celle que
le laminage laisse habituellement subsister dans le métal.

La photographie 20 G = 700 se rapporte à un acier fragile

attaqué pendant un temps très long par un volume très restreint de solution d'acide nitrique à 4 % dans l'alcool amylique. Pour cette attaque le réactif était placé dans un verre de montre à

Fig. 20.

grand rayon de courbure et l'échantillon la face polie plongée dedans, de telle sorte que le volume du liquide était compris

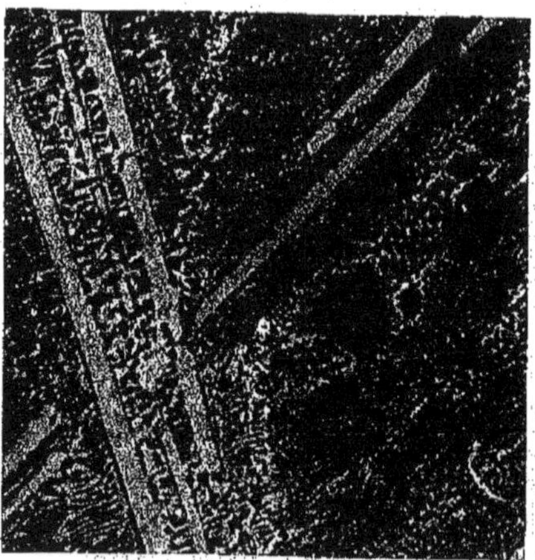

Fig. 21.

entre le fond du verre de montre et la surface de l'échantillon. M. Kourbatoff avait signalé cette propriété du réactif nitroamylique de donner certaines apparences spéciales avec les aciers fragiles.

La photographie 21 G = 5o se rapporte à une fonte blanche

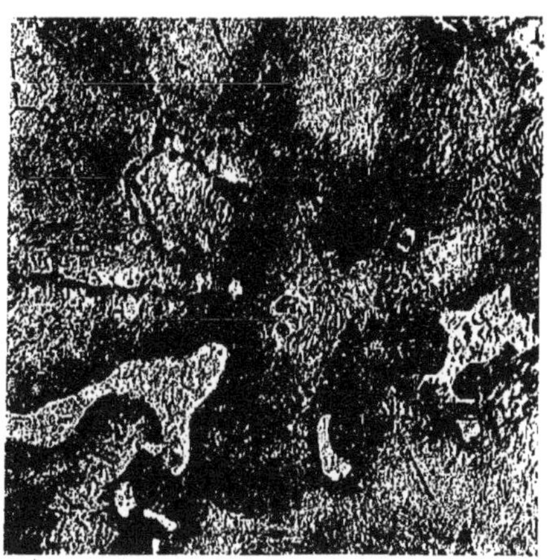

Fig. 22.

hypéreutectique, attaquée au moyen de la solution d'acide picrique à 5 % dans l'alcool.

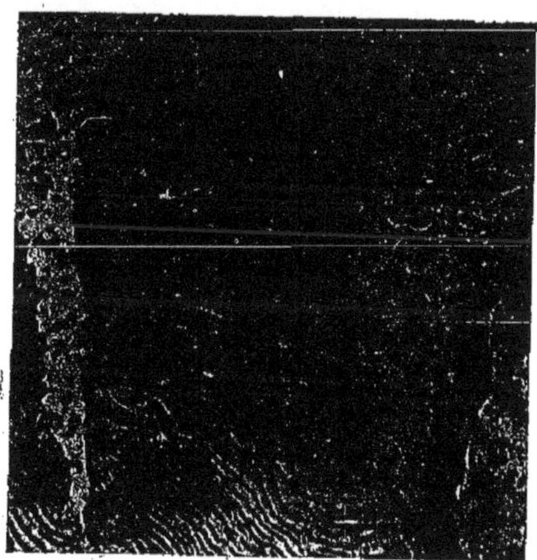

Fig. 23.

La fig. 22 donne au grossissement de 15o diamètres une fonte grise de moulage de bonne qualité renfermant peu de graphite et

pas de soufflure avec une proportion pas trop élevée de phosphore.
Les parties phosphorées sont les zones blanches de la photographie.

La figure 23 donne la même fonte au grossissement de 700
diamètres montrant en détail la structure normale des fontes de
moulage non recuites, graphite, perlite et eutectique phosphoreux.
La fonte de moulage recuite ou refroidie suffisamment lentement
gagne en douceur par suite de la précipitation d'une partie du
carbone à l'état de graphite de recuit. La perlite disparaît en
même temps. Cette disparition commence à se produire autour
des lamelles de graphite qui doivent amorcer la précipitation du
graphite de revenu. La figure 24 représente une fonte semblable.

Fig. 24.

www.ingramcontent.com/pod-product-compliance
Ingram Content Group UK Ltd.
Pitfield, Milton Keynes, MK11 3LW, UK
UKHW022355120726
13694UKWH00005B/1879